Michael Koch

# Armutsbekämpfung in Äthiopien. Entwicklung und Probleme

GRIN Verlag

**Bibliografische Information der Deutschen Nationalbibliothek:**

Die Deutsche Bibliothek verzeichnet diese Publikation in der Deutschen National-
bibliografie; detaillierte bibliografische Daten sind im Internet über http://dnb.d-
nb.de/ abrufbar.



**Impressum:**

Copyright © 2013 GRIN Verlag GmbH
Druck und Bindung: Books on Demand GmbH, Norderstedt Germany
ISBN: 978-3-656-45820-3

**Dieses Buch bei GRIN:**

http://www.grin.com/de/e-book/230028/armutsbekaempfung-in-aethiopien-ent-
wicklung-und-probleme

RWTH Aachen

Geographisches Institut

Hauptseminar: Agrarwirtschaft und ländliche Entwicklung in den Tropen

Sommersemester 2013

Hausarbeit

10.04.2013

# Entwicklung und Herausforderungen der Armutsbekämpfung in Äthiopien

Michael Koch

# Inhaltsverzeichnis

# 1 Einleitung

Äthiopien ist eine der ältesten und ärmsten Nationen der Welt und ein Land voller Gegensätze, Potentiale und Herausforderungen. Die ethnische Vielfalt sowie die geographische Lage, in der durch Instabilität gekennzeichneten Region am Horn von Afrika prägen die Nation. Spannungen und Konfliktpotentiale spiegeln sich auch innerpolitisch wider und äußern sich in Waffengewalt und Autonomiebewegungen (Scurell 2013:Landesübersicht und Naturraum). Die wirtschaftliche Entwicklung unterliegt zusätzlichen Hemmnissen. Die veralteten und korrumpierten staatlichen Strukturen erschweren ebenso den Fortschritt, wie die wirtschaftliche Abhängigkeit gegenüber des Auslands (Bundesministerium für wirtschaftliche Zusammenarbeit und Entwicklung 2013:Äthiopien). Des Weiteren beeinflussen ökologische Herausforderungen Gesellschaft und Staat. Klimatische und ökologische Veränderungen führen zu katastrophalen Dürren, Überschwemmungen und dem Verlust von fruchtbaren Böden (Scurell 2013:Landesübersicht und Naturraum). Hungersnöte und mangelnde Ernährungssicherheit in Teilen der rasant wachsenden Bevölkerung sind die Folgen.

Jedoch ist Äthiopien auch ein Land voller Potentiale. Die Hauptstadt Addis Abeba ist Hauptsitz der Afrikanischen Union, zahlreicher Institutionen der Vereinten Nationen und wird oftmals als „Hauptstadt Afrikas" betitelt (Scurell 2013:Landesübersicht und Naturraum). Die geostrategische Lage, die relative Stabilität sowie die wachsende Bedeutung auf internationaler Ebene machen Äthiopien attraktiv für internationale Investoren und ausländische Regierungen. Des Weiteren besitzt das Land umfangreiche natürliche Ressourcen. Zahlreiche Wasservorkommen bieten Potentiale für großangelegte Landwirtschaftsprojekte und die Erzeugung ökologischen Stroms. Das tropisch - humide Klima des Hochlandes unterstützt die Entwicklung des Agrarsektors und der Abbau unerschlossener Bodenschätzen bietet Äthiopien weitere Entwicklungsmöglichkeiten (Scurell 2013:Wirtschaft und Entwicklung).

Im Folgenden wird in dieser Arbeit die Armut in Äthiopien hinsichtlich deren Entwicklung und Bekämpfung thematisiert. Vorab werden aber noch die naturräumlichen Potentiale, welche wesentliche Rahmenbedingungen für Äthiopiens Entwicklung bilden, vorgestellt. Die Frage nach Ursachen für die Armut wird anschließend tiefer beleuchtet. Darauf hin werden Akteure und deren Maßnahmen zur Bekämpfung der Armut vorgestellt. Abschließend werden zukünftige Entwicklungspotentiale des Landes aufgeführt.

# 2    Naturräumliche Potentiale Äthiopiens

Äthiopien liegt am Horn von Afrika. Diese ostafrikanische Region wird aufgrund ihres Artenreichtums oft als Wiege der Menschheit bezeichnet. Flora sowie Fauna sind außerordentlich stark ausgeprägt und bieten eine Vielzahl endemischer Arten, wovon die hohe Biodiversität zeugt. Äthiopien besitzt eine Fläche von etwa 1.104.400 km$^2$. Die Topographie des Landes ist unterschiedlich stark ausgeprägt. Die tiefste Senke liegt mit 116 Metern unter NHN und die höchste Steigung bildet der Berg Ras Dashen mit über 4.620 Meter über NHN (Scurell 2013:Landesübersicht und Naturraum). Das Hochplateau ist ein bestimmender Faktor der geomorphologischen Erscheinung Äthiopiens. Es erstreckt sich von Nord nach Süd und nimmt mehr als die Hälfte der Landesfläche ein. Etwa ein Viertel der Landesfläche liegt über 1.800 NHN und mehr als fünf Prozent liegt über 3.500 NHN. Der Hauptteil des Hochplateaus hat jedoch Mittelgebirgscharakter. Die darunter liegende Geologie ist von Schichtwechseln bestimmt. Durch seine geographische Lage auf einem Grabenbruch ist Äthiopien als geologisch äußerst aktive Region zu bezeichnen, in der es immer wieder zu Erbeben kommt (Lukoschat 2010:Naturraum).

In Äthiopien herrscht äquatoriales Tropenklima. Trotzdem variieren die Klimaverhältnisse innerhalb des Landes sehr stark. Die Höhenunterschiede relativieren das äquatoriale Klima. Folglich wird Äthiopien in vier Klimazonen unterteilt. Die Tiefebene unterhalb von 1.600 NHN wird durch klassisches, äquatoriales Klima bestimmt. Die Durchschnittstemperatur beträgt 27 °C und der gemittelte jährliche Niederschlagswert liegt bei 500 mm. Dominiert wird die Tiefebene durch Wüsten oder Halbwüsten und Savannen. Die zweite Höhenstufe von 1.600 - 2.400 NHN ist durch eine jährliche Durchschnittstemperatur von 22 °C gekennzeichnet. Der gemittelte Jahresniederschlag liegt bei 1.000 mm. Innerhalb dieser Klimazone findet sich das Gros des anthropogenen Lebens wieder. Oberhalb von 2.400 - 3.900 NHN ist bereits äquatoriales Höhenklima vorzufinden. Die jährliche Durchschnittstemperatur fällt auf 16 °C, der jährliche Niederschlag steigt aber auf 1.800 mm. Die vierte Klimazone befindet sich oberhalb von 3.900 NHN. Charakteristisch sind Nachtfröste und möglicher Schneefall während der Regenzeiten (Lukoschat 2010:Klima).

Äthiopien besitzt die größten Wasservorkommen der Region. Die drei wasserreichsten Ströme des Landes, der Omo, der blaue Nil und der Takeze schneiden sich allesamt ihren Weg durch das Hochplateau. Daneben verfügt Äthiopien über zahlreiche Seen. Gespeist werden die natürlichen Wasservorkommen während der Regenzeiten. Neben der Hauptregenzeit, die von Juni - September stattfindet, gibt es in Äthiopien noch eine kürzere Regenzeit, von Februar - März. Die Temperaturamplitude zwischen Trocken- und Regenzeiten fällt gering aus, was eine fast ganzjährige landwirtschaftliche Nutzung in entsprechenden Gebieten ermöglicht (Lukoschat 2010:Klima, Scurell 2013:Landesübersicht und Naturraum).

# 3 Armut in Äthiopien

Armut wird in unterschiedlichster Weise sichtbar. Ihr Auftreten ist abhängig von einer Vielzahl sich ergänzender Faktoren. Ebenso unterliegt diesen Abhängigkeiten das Ausmaß ihrer Ausprägung. Aufgrund dessen wird der Begriff Armut in drei Ausführungen graduell unterschieden.

Die extreme Armut ist definiert als Zustand, bei dem einem Individuum weniger als 1 - 1,25 US $ pro Tag, zur Deckung seines täglichen Bedarfs zur Verfügung stehen. Die extreme Armut kennzeichnet die gravierendste Form der Armut. Einen weiteren Ansatz bildet die absolute Armut. Sie bezieht sich auf die Menge an Zahlungsmitteln, die notwendig ist, um den Grundbedarf eines Individuums zu decken. Im Unterschied zur extremen Armut wird hier absichtlich keine definierte Zahlungsmenge angegeben, da die Preise für Grundbedürfnisse wie Lebensmittel, Kleidung und Schutz global variieren. Folglich verändert sich global die Schwelle der absoluten Armut von Land zu Land. Soziale Ungleichheiten oder Aspekte der Lebensqualität finden keine Beachtung. Im Gegensatz zum Ansatz der absoluten Armut vergleicht die relative Armut die Ausstattung der Individuen in einer Gesellschaft. Relative Armut ist vorhanden, wenn Individuen aufgrund ihrer finanziellen Möglichkeiten unter eine Schwelle fallen, die durch den wirtschaftlichen Standard der Gesellschaft definiert ist. Dieses Armutskonzept hat vorzugsweise Bedeutung bei der Abbildung der Armutsverhältnisse in reicheren Industriestaaten (Unesco o. J.:Poverty).

Im Falle Äthiopiens werden die Ansätze der extremen Armut sowie der absoluten Armut zutreffend sein. Das Konzept der relativen Armut ist hingegen zu vernachlässigen, da sich dieses an der gesamtgesellschaftlichen Wirtschaftssituation orientiert und die Armutssituation verzerrend darstellen kann.

In den folgenden Unterpunkten dieses Kapitels werden Armutsindikatoren in Äthiopien dargestellt. Abbildung 1 verschafft einen ersten Überblick. Es wird zwischen gesellschaftlichen, ökonomischen, politischen und physisch - geographischen Indikatoren unterschieden. In der Realität überlappen und verschmelzen die einzelnen Perspektiven zur ganzheitlichen Armutssituation. Keineswegs sind die Indikatoren also voneinander Unabhängig.

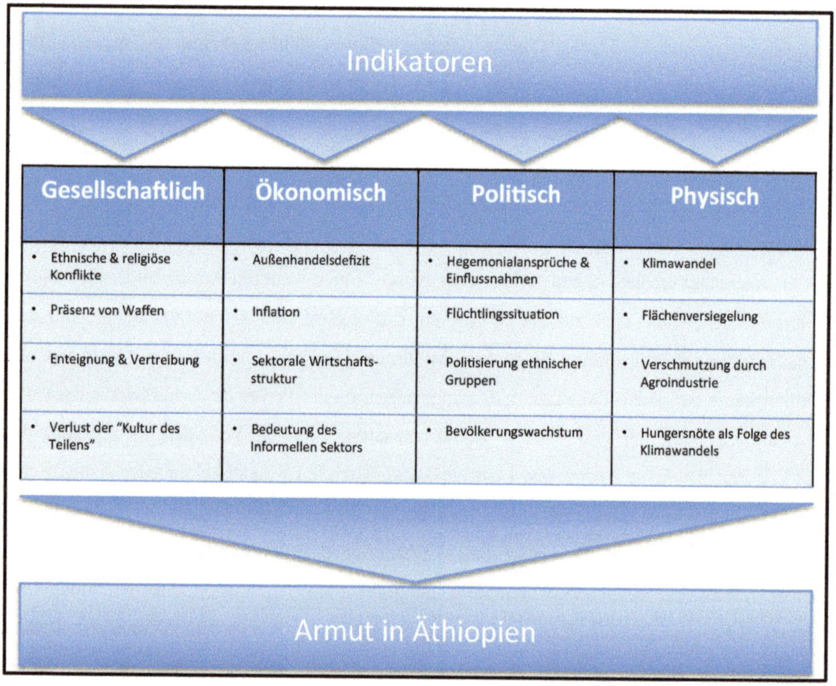

Abbildung 1: Indikatoren der Armut in Äthiopien (Eigene Darstellung)

## 3.1    Gesellschaftliche Indikatoren

Äthiopien ist ein Vielvölkerstaat der 80 bis 120 verschiedene Ethnien beheimatet. Zu den bedeutendsten, weil größten und einflussreichsten Ethnien, gehören die Oromos mit 34,5 %, die Amharas mit 29,6 %, die Somalis mit 6,2 % und die Tigrays mit einem Bevölkerungsanteil von 6,1 %. Die verbleibenden 23,6 % gehören unterschiedlichsten ethnischen Gruppierungen an, die in Ihrer jeweiligen Größe stark variieren. Ähnliche Komplexität ist bei der Verteilung der Religionszugehörigkeiten in der Bevölkerung zu beobachten. Die beiden größten Konfessionen bilden das orthodoxe Christentum mit etwa 43 % und der Islam mit etwa 34 % der Bevölkerung (Scurell 2013: Gesellschaft, Kultur und Religion). Bei dieser Vielzahl an Akteuren sind ethnische oder religiöse Konflikte nahezu vorprogrammiert. Dennoch hat das Konfliktpotential in den letzten Jahren zugenommen.

Zum Einen hängt dies mit dem Bedeutungsverlust traditioneller Konfliktlösungsmethoden, wie dem Einbezug eines Ältestenrates zusammen. Der Bedeutungsverlust dieser traditionellen Strukturen fußt größtenteils auf dem Einfluss ausländischer Akteure. Christliche und muslimische Extremisten radikalisieren Ihresgleichen. Ergebnis sind häufigere Auseinandersetzungen, da die historisch gewachsene Balance zwischen den Konfessionen zu kippen beginnt (Scurell 2013:Gesellschaft, Kultur und Religion/Geschichte, Staat und Politik). Zum Anderen wird die Konfliktlage durch die große Anzahl an Waffen und die zunehmende Bereitschaft Diese einzusetzen verschärft. Der Umlauf von Waffen untergräbt nicht nur die hoheitliche Aufgabe des Staates seine Bürgerinnen und Bürger vor Gewalteinwirkungen Dritter zu schützen, sondern verleitet die Bevölkerung zur Anwendung vergeltender Selbstjustiz Vor allem die ländliche Bevölkerung ist hiervon betroffen. Sie macht mit etwa 85 % das Gros der Gesamtbevölkerung aus (Budke 2005:42, Scurell 2013:Gesellschaft, Kultur und Religion).

Zwangsenteignungen der Landbevölkerung durch den Staat sind keine Seltenheit, wenn gewinnbringende Profite ausländische Investoren anlocken. Die Agrarkolonisation und der fortschreitende Klimawandel grenzen insbesondere nomadische Bevölkerungsgruppen ein. Folge dieser Entwicklungen sind Verdrängungsprozesse der Nomaden. Die auf Subsistenzwirtschaft ausgerichteten Nomadenstämme werden von ansässigen Stämmen als zusätzliche Existenzbedrohung wahrgenommen. Resultierende Konflikte um Besitzansprüche werden oftmals mit Waffengewalt ausgetragen. Bisweilen kommt es in Regionen mit langanhaltenden Konflikten durch den Einsatz von Waffen, zu rechtsfreien Räumen, in denen das Recht des Stärkeren regiert (Müller - Mahn/Rettberg 2007:42 - 43, Scurell 2013:Landesübersicht und Naturraum).

Darüber hinaus führen Enteignungen und Vertreibungen zum Verlust der „Kultur des Teilens" (Müller - Mahn/Rettberg 2007:46). Der Verlust dieser, traditionell weit verbreiteten, Kultur übt sich auf benachteiligte oder enteignete Stämme als negativer Multiplikator aus. Soziale Disparitäten, Neid und verstärkte Existenzbedrohungsängste sind die Resultate, welche wiederum wie in einer Spirale die Gewaltbereitschaft steigern.


## 3.2 Ökonomische Indikatoren

Äthiopien belegt Rang 173 von 187 Nationen im Human Development Index (HDI). Der HDI gibt Auskunft über Bildung, Gesundheit und Einkommen einer Gesellschaft und ergänzt somit das Bruttoinlandsprodukt, als Messinstrument zur Bestimmung der Wohlfahrt einer Nation. Abbildung 2 verdeutlicht die Entwicklung Äthiopiens anhand des HDI seit dem Jahr 2000. Auffallend ist, dass Äthiopien seit 2005 stetige Fortschritte in der Entwicklung vorzuweisen hat und die Steigung der Entwicklungskurve zeitweise steiler verläuft als jene der umliegenden Großregion. Jedoch hat seit 2010 die Steigung abgenommen, was auf eine verlangsamte wirtschaftliche Entwicklung schließen lässt. Nach wie vor ist nach den Kriterien des Indexes die Bildungs-, Gesundheits- und Einkommenssituation in Äthiopien als unterentwickelt zu bewerten (United Nations Development Programme o. J.:Ethiopia)

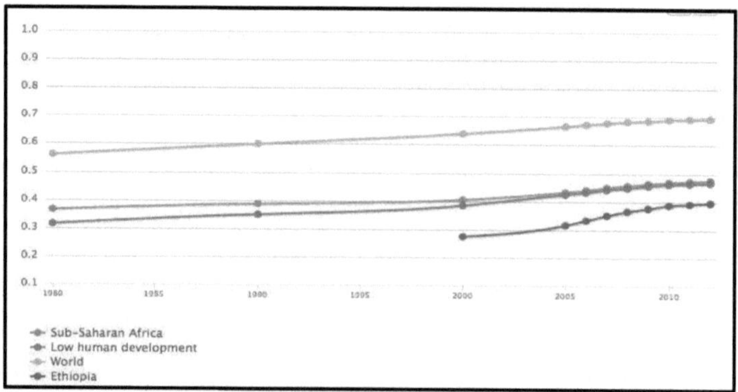


Abbildung 2: Human Development Index 2000 - 2013

(United Nations Development Programme o. J.:Ethiopia)

Hauptgründe für die schleppende wirtschaftliche Entwicklung, sind auf makroökonomischer Seite Inflation und Außenhandelsdefizit. Letzteres resultiert aus bestehender Importabhängigkeit. Äthiopien kann die Güternachfrage der Bevölkerung nicht mit der Binnenproduktion decken. Die Ausgaben für Importe in 2011 betrugen etwa 8,25 Milliarden US $. Die Einnahmen aus Exporten wurden im selben Jahr etwa auf 2,75 Milliarden US $ beziffert. Daraus resultiert ein Außenhandelsdefizit für 2011 von etwa 6,4 Milliarden US $. Diese Relation veranschaulicht einerseits die Produktivität der äthiopischen Wirtschaft, andererseits die immense Abhängigkeit gegenüber den Einfuhren des Auslands (Scurell 2013:Wirtschaft und Entwicklung). Hinzu kommt die rasant wachsende Inflation. Alleine zwischen Februar und Juli 2011 wuchs die Inflation um 19,4 Prozentpunkte auf 35,9 %. Die Preise für Güter haben sich alleine in diesem Zeitraum mehr als verdoppelt, während sich die Lebensmittelpreise sogar nahezu vervierfachten (Scurell 2013:Wirtschaft und Entwicklung).

Als weitere Ursache kann die wirtschaftliche Struktur des Landes angesehen werden Diese wird durch den primären Sektor dominiert. Der primäre Sektor weist mit 47,68 % des Bruttoinlandsprodukts (BIP) eine deutliche Vormachtstellung auf. Etwa 85 % der Bevölkerung arbeiten im primären Sektor. Innersektoral dominieren kleinräumige Subsistenzwirtschaft und Nomadismus die Struktur. Zweitwichtigster Sektor ist mit 38,03 % der Tertiäre. Dieser setzt sich hauptsächlich aus Einzelhändlern, der öffentlichen Verwaltung und dem Finanzsektor zusammen. Der Anteil des sekundären Sektors, welcher vor allem durch die Leichtindustrie gekennzeichnet ist, beträgt nur 14,28 % des BIP (Destatis 2010:Äthiopien, Scurell 2013:Wirtschaft und Entwicklung). Folglich weißt die Wirtschaftsleistung Äthiopiens eine starke Korrelation zur agrarischen Produktion auf.

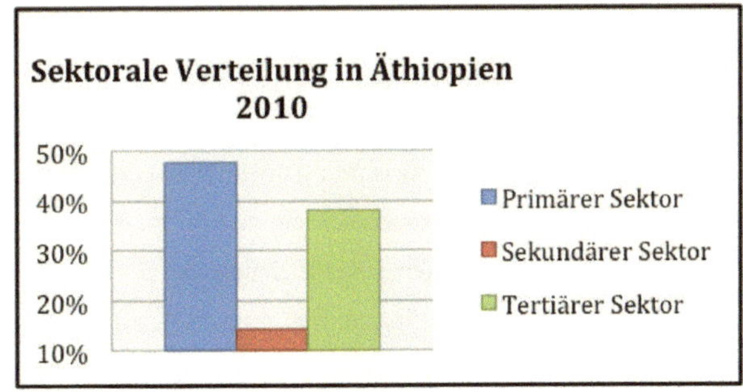


Abbildung 3: Verteilung der Sektoren (Eigene Darstellung nach Destatis 2010:Äthiopien)

Eine weitere, jedoch statistisch schwer erfassbare Wirtschaftseinheit, verkörpert der informelle Sektor. Insbesondere in urbanen Quartieren, mit fehlendem Zugang zu Bildung und Bedeutungslosigkeit der Subsistenzwirtschaft, ist dieser Anlaufstelle für die Bevölkerung. Geprägt ist der informelle Sektor durch den Handel. Im Rahmen der neuen internationalen Arbeitsteilung weitet sich das Arbeitsspektrum allerdings aus. Hervorgerufen durch die Auslagerung der Produktion in größeren Unternehmen entstehen zahlreiche informelle Beschäftigungsverhältnisse. Die günstigeren Lohnkosten und die Einsparung der sozialversicherungspflichtigen Abgaben sorgen für eine stetige Expansion dieses Sektors. Die Dimensionen des Sektors sind aufgrund der „Informalität" nur schwer zu beziffern. Schätzungen gehen von bis zu 50 % der arbeitsfähigen städtischen Bevölkerung aus (Bahr 2005:4 - 6). Einerseits bieten informelle Tätigkeiten bildungsfernen Bevölkerungsschichten eine Einkommensquelle. Andererseits werden soziale Strukturen des Staates untergraben und die Arbeitnehmer der Willkür der Arbeitgeber ausgesetzt.

Werden die genannten makroökonomischen Rahmenbedingungen mit den Strukturen der äthiopischen Wirtschaft verglichen, verwundert es nicht, dass Äthiopien eines der ärmsten Länder der Welt ist. So liegt die Kaufkraftparität pro Kopf (BIP pro Kopf) mit 1100 US $ deutlich unter der durchschnittlichen Kaufkraftparität Afrikas. Hinzu kommt die ungleiche Verteilung von Einkommen. 77 % der Bevölkerung leben von weniger als 2 US $ am Tag. Weitere 39% dieser einkommensschwachen Bevölkerungsschicht verfügen über weniger als 1,25 US $ am Tag. Folglich dessen herrscht in weiten Bevölkerungsteilen Äthiopiens absolute bis extreme Armut (Scurell 2013:Wirtschaft und Entwicklung.

## 3.3  Politische Indikatoren

Äthiopien verfolgt seit je her Hegemonialansprüche am Horn von Afrika. Der letzte große Konflikt war der 1998 beginnende Krieg zwischen Äthiopien und seinem Nachbarn Eritrea. Es wird im Zuge der zweijährigen Auseinandersetzung von bis zu 80.000 Toten auf beiden Seiten ausgegangen. Seit der beiderseitigen Unterzeichnung eines Friedensabkommens, im Jahr 2000 sind jedoch weiterhin deutliche Spannungen festzustellen. Eritrea versucht derweil den äthiopischen Einfluss in der Region zu schwächen. Dabei wird eine Politik der Destabilisierung verfolgt. Dies äußert sich unter Anderem in der militärischen Unterstützung von Separatisten und Autonomiebewegungen in Äthiopien (Matthies 2006:25 - 27, Weber 2009:54).

Seit der Unterzeichnung des Friedensabkommens ist Äthiopien ein Binnenstaat. Der fehlende Zugang zu einem nationalen Seehafen wirkt erschwerend für die wirtschaftliche Entwicklung des Landes. Weiteren Konfliktstoff brachte die militärische Intervention Äthiopiens in Somalia. Die Intervention bestärkte die Befürchtungen der Nachbarstaaten vor Hegemonialansprüchen Äthiopiens am Horn. Ziel dieser im Dezember 2006 stattgefundenen Operation war es den Einfluss islamischer Extremisten in Somalia zu unterbinden (Weber 2009:54).

Eine weitere, von Außen herangetragene Herausforderung, stellt die Flüchtlingssituation am Horn von Afrika dar. Die Zahl der Flüchtlinge ist in den letzten Jahren stark gestiegen. Herkunftsländer sind, wie Abbildung 4 zeigt, der Sudan, Somalia und Eritrea. Gekennzeichnet sind diese Länder, durch eine in Relation zu Äthiopien noch höhere Vulnerabilität und Instabilität. An den Grenzen kommt es zusätzlich zu den Flüchtlingsströmen zu kämpferischen Auseinandersetzungen. Die Flüchtlingssituation belastet neben der Bevölkerung vor allem den äthiopischen Staatshaushalt. Ergebnisse der Flüchtlingsströme sind die Bindung monetärer Mittel und eine Belastung der Beziehungen zu den Herkunftsländern (Scurell 2013:Geschichte, Staat und Politik). Somit wird sowohl die innerpolitische als auch die außenpolitische Entwicklung des Landes gehemmt. Die Abbildung „Flüchtlingsgebiete und Kampfhandlungen in Äthiopien" stellt visuell nochmals die im vorhergegangen Absatz besprochenen Konfliktpotentiale räumlich dar.

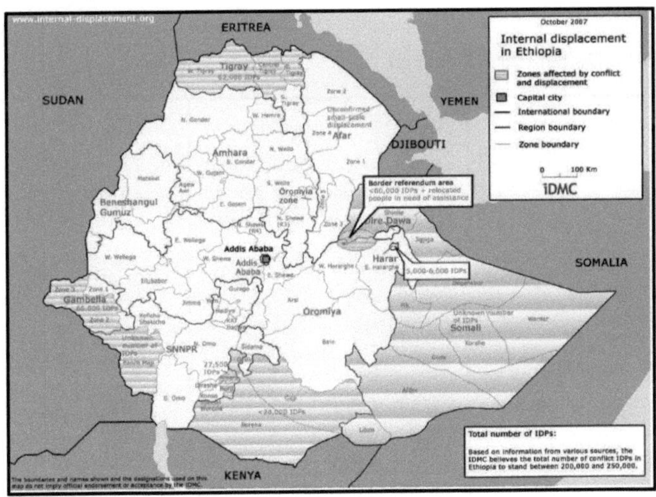


Abbildung 4: Flüchtlingsgebiete und Kampfhandlungen in Äthiopien
(International Displace Monitoring Center 2007)

Innenpolitisch bietet der äthiopische Föderalismus Angriffsfläche für die Politisierung ethnischer Gruppen. Insbesondere externe Akteure wittern hier ihre Chance um Einfluss auf die Entwicklung und Stabilität des äthiopischen Staates zu nehmen. Treibende Kräfte sind neben dem Staat Eritrea, muslimische und christliche Extremisten. Ethnische Gruppen, die zu Terrororganisationen radikalisiert wurden, schwächen mithilfe dieser externern Unterstützer und Finanziers die Souveränität Äthiopiens von Innen. Namentlich sind beispielsweise die Oromo Liberation Front (OLF) oder die Ogaden National Liberation Front (ONLF) zu erwähnen. Das verfolgte Ziel der genannten Organisationen sind Autonomiebestrebungen. Eritrea besitzt dabei für die Organisationen zur Errichtung autonomer Staaten eine Vorbildfunktion. Absicht der externen Akteure hingegen ist die innerpolitische Destabilisierung Äthiopiens, um dem Staat Entscheidungs- und Handlungsgewalt zu rauben. Somit wird der Weg zur Intensivierung der Einflussnahme von Außen geebnet (Scurell 2013:Geschichte, Staat und Politik).

Des Weiteren stellt die Bevölkerungssituation die äthiopische Regierung innenpolitisch vor neue Herausforderungen. Wie in Abbildung 5 graphisch aufbereitet ist, unterliegt Äthiopien einem starken Bevölkerungswachstum. Betrug die äthiopische Bevölkerung 1985 noch 40.970.000 Menschen, so ist Sie im Jahr 2010 bereits auf 82.950.000 gestiegen. Damit ist Äthiopien schon heute, hinter Nigeria, das bevölkerungsreichste Land in Afrika (Scurell 2013:Landesübersicht und Naturraum). Eine Prognose des Jahres 2055 geht von 149.798.000 Einwohnern aus. Weiterhin ist erkennbar, das die Gesellschaft deutlich altern wird in Zukunft (Destatis 2010, De Wulf 2011:Ethiopia).

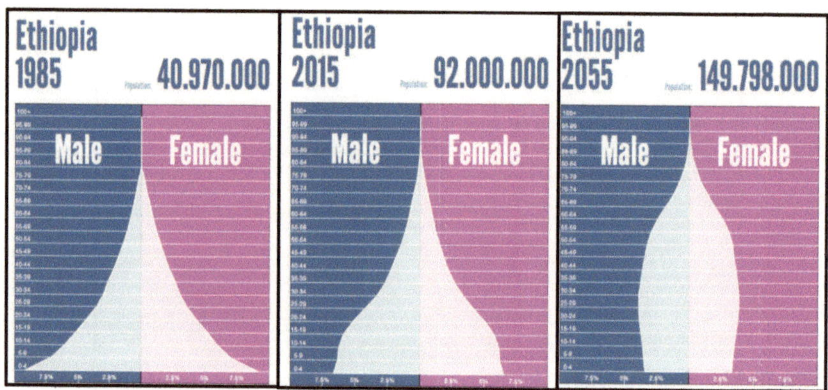


Abbildung 5: Bevölkerungsverteilung Äthiopiens 1985 - 2055 (De Wulf 2011:Ethiopia)

Mit steigender Einwohnerzahl wird sich die bereits prekäre Ernährungssituation weiterhin verschärfen. Es ist davon auszugehen, dass naturbedingte Hungersnöte in Zukunft, in Abhängigkeit des starken Bevölkerungswachstums, deutlich gravierendere Folgen für das gesamte Land haben werden. Zusätzlich geht mit der steigenden Einwohnerzahl ein erhöhter Flächenverbrauch einher. Folglich wird weniger landwirtschaftliche Nutzfläche zur freien Verfügung stehen um die Ernährung der Bevölkerung sicherzustellen (Fein 2012:20). Des Weiteren steigt mit zunehmender Lebenserwartung auch der medizinische und soziale Versorgungsbedarf. Dies nimmt die äthiopische Regierung in die Pflicht, der alternden Bevölkerung in Zukunft die notwendige medizinische und soziale Infrastruktur zur Verfügung zu stellen. Insbesondere der Verlust von hochqualifizierten Arbeitskräften und Fachpersonal, in Planung und Ausführung, stellt eine zukünftige Herausforderung, in Anbetracht des Bevölkerungswachstum, an die Regierung dar (Scurell 2013:Gesellschaft, Kultur und Religion).


## 3.4 Physische Indikatoren

Äthiopien wird mit diversen ökologischen Problemen konfrontiert. „Wiederkehrende Dürren, Entwaldung und Bodenerosion sowie Überschwemmungen" (Scurell 2013:Landesübersicht und Naturraum) sind die, durch den Klimawandel induzierten, ökologischen Hauptprobleme des Landes.

Für den Verlust von fruchtbaren Böden und Wäldern sind in Äthiopien primär das rasante Bevölkerungswachstum und die Ausbreitung der exportorientierten Landwirtschaft verantwortlich. Die gestiegene Einwohnerzahl versiegelt, wie bereits erwähnt, größere Flächen. Die Ausbreitung der exportorientierten Agrarindustrie fordert zwar ebenfalls einen erhöhten Flächenbedarf ein. Zusätzlich werden durch den Anbau von Monokulturen und dem Einsatz von Pestiziden aber auch hiesige Pflanzengesellschaften verdrängt. Aus dem Wegfall der angestammten Pflanzengesellschaften resultiert eine Veränderung des Wurzelwerks. Aufgrund dieser steigt die Wahrscheinlichkeit der Erosion von fruchtbaren Böden (Scurell 2013:Naturraum und Landesübersicht).

Da etwa 85 % der Bevölkerung auf dem Land leben, stellt hinsichtlich der Armut, das vererbte Wissen der Nomaden, in Bezug auf die ernährende Subsistenzwirtschaft das größte Kapital dar. Durch die Veränderung des Klimas und den Abtrag fruchtbarer Böden können viele Nomaden ihre Bewirtschaftungsweisen nicht mehr an die gewandelten Bedingungen anpassen (Tröger 2012:46). Dabei ist Äthiopien eines der am stärksten vom Klimawandel betroffenen Länder der Erde. So nahm die Weltbank 2009 an, dass Äthiopien „unter den zwölf am stärksten vom Klimawandel betroffenen"(Tröger 2012:43) Nationen der Erde sein wird. Messungen ergaben, dass die Durchschnittstemperatur in Äthiopien im Zeitraum zwischen 1960 und 2006 um 1,3 °C gestiegen ist. Prognosen bis ins Jahr 2060 gehen von einem weiteren Temperaturanstieg von 1,1 °C - 3,1 °C aus (Tröger 2012:43). Durch den Temperaturanstieg werden Dürren häufiger auftreten. Vorwiegend der Ackerbau als Stützpfeiler nomadischer Ernährungssouveränität leidet unter der Veränderung des Klimas. Unter der daraus resultierenden unzureichenden Ernährung litten 2008 bereits mehr als 30 % der Gesamtbevölkerung Äthiopiens (Glaser/Kremb/Drescher 2011:14 - 15). Abbildung 6 zeigt die für April bis Juni 2013 prognostizierte Ernährungssituation in Äthiopien. Auffallend ist, dass nahezu flächendeckend die Wüsten- und Steppengebiete des Tieflands, im Osten der Bundesrepublik von Mangelernährung betroffen sein werden. Aber auch das Hochland, mit seinen relativ hohen Niederschlagswerten wird zunehmend betroffen sein. Verschont bleiben auch nicht die bevölkerungsreichen Bundeländer Oromia in Zentraläthiopien und Tigray im Norden des Landes.

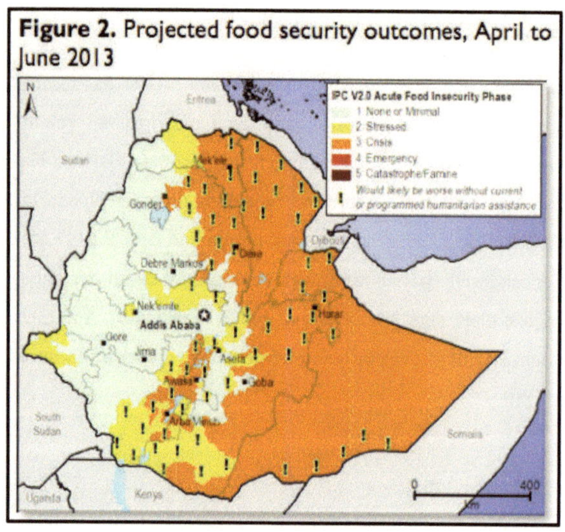



Abbildung 6: Prognostizierte Krisenherde aufgrund von Hungersnöten und Mangelernährung (World Food Programme 2013)

# 4     Armutsbekämpfung in Äthiopien

Die Armutsbekämpfung hängt stark mit der Entmilitarisierung der Bevölkerung zusammen. Hinzu kommen zwar die in Kapitel 3 bereits aufgeführten armutsinduzierenden Faktoren, dennoch bildet die Entmilitarisierung die notwendige Bedingung für weitreichende Verbesserungen. Die gezielte Abrüstung „von Unten" betrifft die gesamte Bevölkerung. Dazu ist ein Vertrauensvorschuss in die Handlungsfähigkeit der Sicherheitskräfte unabdingbar. Ohne den blutigen Kampf um überlebenswichtige Ressourcen ist der Weg für die Weiterentwicklung des Landes geebnet (Gebrewold 2003:45, Matthies 2006:25 - 27).

Die Millenniumsziele bilden einen Meilenstein bei der Entwicklung der Armutsbekämpfung. Im Sinne der Millenniumsziele, verpflichtete sich das Land im Jahr 2000 erstmalig Anstrengungen zu unternehmen um die extreme Armutssituation bis 2015 massiv zu verbessern (Scurell 2013:Wirtschaft und Entwicklung). In den acht Millenniumszielen steht die Beseitigung von Hunger und extremer Armut im Vordergrund. Ein Ausbau des Bildungssektors, die Gleichstellung der Geschlechter, eine generelle Verbesserung der humanitären Situation, insbesondere für Kinder, Mütter und erkrankte Personen sowie das Vorantreiben von Nachhaltigkeitsbemühungen und die Intensivierung globaler Partnerschaften im Dienste der Entwicklungshilfe sind die folgenden Eckpfeiler des Strategiepapiers (Lohnert 2012:5).

Die Demokratisierung Äthiopiens, in den 1990 er Jahren, eröffnete die Möglichkeit an internationalen Hilfsangeboten zu partizipieren. Die Entwicklungszusammenarbeit, insbesondere mit westlichen Nationen, verbesserte sich durch die Öffnung des Landes immens. Aufgrund seiner geographischen Lage, in der Krisenregion des Horns und seiner relativen Stabilität, ist das Land äußerst attraktiv für Geberländer und deren Interessenswahrung (Slezak 2009:Internationale Entwicklungszusammenarbeit).

## 4.1    Akteure der Armutsbekämpfung

In Äthiopien agieren, im Rahmen der Entwicklungszusammenarbeit eine Vielzahl von Staaten und Nichtregierungsorganisationen (NRO). Abbildung 7 gibt Auskünfte über die offiziellen Entwicklungshilfezahlungen in Millionen US $ im Jahr 2007.

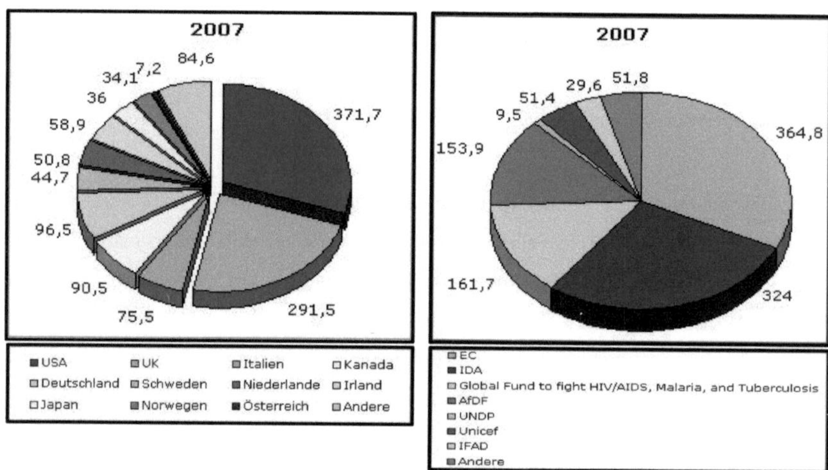


Abbildung 7: Hauptgeberländer und Hauptgeberinstitutionen von Entwicklungshilfen
(Slezak 2009:Internationale Entwicklungszusammenarbeit)

Die Gesamtzahlungen der Entwicklungshilfe betrugen im Jahr 2007 2.388,7 Millionen US $. Davon gingen 1.242 US $ auf Hilfen von Staaten und 1146,7 US $ auf Zahlungen der diversen NRO zurück. Über die Hälfte der staatlichen Entwicklungszahlungen wurden von den USA und dem Vereinigten Königreich bereitgestellt. Die Bundesrepublik Deutschland steht mit 96,5 Millionen US $ an dritter Stelle der bedeutendsten Geberländer. Die staatlichen Entwicklungshilfezahlungen werden nahezu ausschließlich von westlichen Nationen bereitgestellt. Japan ist das einzige nicht westliche Geberland. Das Gros, mit annähernd zwei Drittel der organisationalen Entwicklungshilfezahlungen, wird von der Europäische Kommission, welche ein supranationales Organ der Europäischen Union ist, und der International Development Association der Weltbank bereitgestellt. Daneben sind weitere bedeutende NROs wie das United Nations Development Programme oder die UNICEF vetreten.

## 4.2 Maßnahmen der äthiopischen Regierung

Die äthiopische Regierung verfolgt eine marktwirtschaftliche Ökonomie. Um die Attraktivität des Marktes für ausländische Investoren und die Produktivität der inländischen Wirtschaft zu steigern wurden in den letzten Jahren mehrere Reformen erlassen. Vorzugsweise wurde auf „Privatisierung, Freigabe der Preise, Zulassung von Privatunternehmen auch im Banken- und Versicherungssektor" (Scurell 2013:Wirtschaft und Entwicklung) gesetzt. Dennoch besitzt der Staat in den Bereichen Luftverkehr, Telekommunikation und Energieversorgung eine Monopolstellung und blockt somit die Einflussnahme ausländischer Investitionen. Überdies gilt der Staat als einflussreichster Investor im sekundären sowie tertiären Sektor.

Angesichts der verheerenden Ernährungslage im Land wurde seitens der Regierung das Konzept der Agricultural Development Led Industrialisation auf den Weg gebracht. Dieses sieht vor, die Armut und den Hunger vorwiegend durch den Ausbau des primären Sektors zu bekämpfen. Insofern etwa 85 % der Bevölkerung in ländlichen Regionen leben und die Agrarbranche mit etwa 85 % den wichtigsten Arbeitgeber ausmacht, können durch dieses Konzept massenwirksame Verbesserungseffekte erzielt werden. Zudem soll der Ausbau der landwirtschaftlichen Produktion den Grundstein für die Weiterentwicklung der Industrie ermöglichen (Scurell 2013:Wirtschaft und Entwicklung). Die Umsetzung des Agricultural Development Led Industrialisation erfolgt durch die Gründung großangelegter Landwirtschaftsbetriebe. Die bestmögliche Anpassung der Betriebe an naturräumliche, klimatische und gesellschaftliche Bedingungen steht im Vordergrund der produktivitätssteigernden Maßnahme. Der primäre Sektor Äthiopiens verfügt bereits über großes Interesse ausländischer Investoren. Zusätzlich wird die Entwicklung anhand des Zustandekommens von Kooperationen mit NROs und Geberländern unterstützt.

## 4.3 Maßnahmen deutscher Kooperationen

Die Bundesrepublik Deutschland fördert die Landwirtschaft in Äthiopien speziell unter dem Gesichtspunkt der Hilfe zur Selbsthilfe. In den am stärksten vom Hunger betroffenen Bundesländern Oromia, Tigray und Amhara wird durch die deutsche Regierung eine systematisierte Verbesserung der landwirtschaftlichen Strukturen propagiert. Hauptaspekt ist die Aufklärung und Bereitstellung von fachspezifischem Wissen. Unter dem Gesichtspunkt der Nachhaltigkeit werden ressourcenschonende Anbaumethoden vermittelt. Zudem kommt robusteres und optimal an die Bedingungen vor Ort angepasstes Saatgut zum Einsatz. In den genannten Regionen profitieren momentan 70.000 Haushalte und etwa 400.000 Personen von der Kooperation. Die landwirtschaftliche Produktivität konnte in den letzten Jahren um bis zu 35 % gesteigert werden. In Anbetracht dieser Entwicklungen ist von einer hohen Akzeptanz der Bevölkerung gegenüber der Kooperation mit ausländischen Organisationen auszugehen (Bundesministerium für wirtschaftliche Zusammenarbeit und Entwicklung 2013:Äthiopien, Eine Welt für Alle o. J.).

Neben den Entwicklungsbestrebungen um eine nachhaltige Landwirtschaftsweise liegt ein Schwerpunkt der deutschen Bundesregierung in der Förderung der Bildung. Mit Hilfe der deutschen Gesellschaft für internationale Zusammenarbeit, einer NRO, wurden in Äthiopien 15 neue Universitäten gebaut. Langfristiges Ziel ist es, das Bildungsangebot zu vergrößern und zu diversifizieren. Erste Erfolge sind an den Studentenzahlen absehbar. Waren 2010 3,6 % der äthiopischen Bevölkerung an einer Hochschule immatrikuliert, so sind es 2011 bereits 5,3 % (Auswärtiges Amt 2013:Kultur- und Bildungspolitik). Neben der Bereitstellung eines breiten Bildungsangebots für weite Teile der Bevölkerung, wird die Bindung von ausgebildetem Fachpersonal in Äthiopien selbst, richtungsweisend sein.

Zudem ist eine Intensivierung der Entwicklungshilfen im Bereich der erneuerbaren Energien angedacht (Bundesministerium für wirtschaftliche Zusammenarbeit und Entwicklung 2013:Äthiopien). Ferner werden zahlreiche Projekte zur Unterstützung gesellschaftlicher Grunddienste realisiert. Hierzu gehören die Sicherstellung der Gesundheitsversorgung, der Wasserversorgung und die Vermittlung von institutionellen Abläufen und Planungsprozessen in Behörden.

# 5     Entwicklungspotentiale Äthiopiens

Äthiopien hat fernab seiner zahlreichen Probleme und Herausforderungen, nicht zu veranlassende Entwicklungspotentiale. Das Land ist einer der Kaffeeproduzenten der Erde. Mit jährlich etwa 300.000 produzierten Tonnen nimmt es den sechsten Platz der führenden Nationen ein. Im Hochland bestehen ausgezeichnete Bedingungen für den Kaffeeanbau (Scurell 2013:Wirtschaft und Entwicklung). Die potentiellen Anbauflächen sind jedoch noch nicht vollends erschlossen und auch in der Herstellung ist eine Produktivitätssteigerung durchaus möglich. Der Anbau von Kaffee ist sehr rentabel. Hinter Erdöl ist Kaffee das wichtigste Handelsgut weltweit (Budke 2005:40). Allerdings liegt der Kaffeepreis auch großen Schwankungen auf dem Börsenparkett zu Grunde, was die Handelsgewinne relativieren kann.

Des Weiteren besitzt Äthiopien die größten Wasserreserven am Horn von Afrika. Zurzeit wird aber nur ein Bruchteil des Wassers zur Energiegewinnung genutzt. Mit dem 2011 begonnen Bau des Grand Millennium Damms will Äthiopien diese defizitäre Nutzung beenden. Die Fertigstellung wird voraussichtlich 2017 erfolgen. Mit diesem und anderen Projekten zur nachhaltigen Energieerzeugung könnte die Bundesrepublik Äthiopien zum dominanten Stromproduzenten der Region aufsteigen. Exportüberschüsse zur Verbesserung des Außenhandelsdefizits wären mögliches Resultat. Schon jetzt exportiert Äthiopien Strom ins Nachbarland Dschibuti (Bundesministerium für wirtschaftliche Zusammenarbeit und Entwicklung 2013:Äthiopien, Scurell 2013:Wirtschaft und Entwicklung).

Weitere natürliche Entwicklungspotentiale liegen im Abbau von unerschlossenen Bodenschätzen. Zu den Ressourcen des Landes gehören Vorkommen von „Gold, Platin, Nickel, Tantalerz, Sodaasche und Pottasche" sowie das im Ogadenbecken liegende Erdöl (BMZ).

Urbane Entwicklungspotentiale bietet die Hauptstadt Addis Abeba, die seit mehreren Jahren einen ungebrochenen Bauboom erfährt. Die Inbetriebnahme des neuerbauten Sitzes der Afrikanischen Union sowie die Verstandortung zahlreicher internationaler Organisationen sind Zeugnis des urbanen Aufschwungs der Metropole (Scurell 2013:Landesübersicht und Naturraum). Der urbane Raum bietet im informellen Sektor weitere Entwicklungspotentiale, die aber mit Vorsicht betrachtet werden sollten. Der informelle Sektor ist ein weit verbreiteter Arbeitgeber und wird von Pranger als „Jobmaschine" (Bahr 2005:7) bezeichnet, da er für bildungsferne Bevölkerungsschichten ein unbürokratisches Arbeitsverhältnis bietet. Auf dem informellen Markt etablierte klein- und mittelständische Unternehmen können sukzessive in die Legalität geleitet werden. Somit profitiert nicht nur die Bevölkerung von der Schaffung neuer Arbeitsplätze, sondern auch der Fiskus könnte zusätzlich neue Steuereinnahmen generieren (Bahr 2005:7).


# 6    Fazit

Die Ausgangslage Äthiopiens hat sich seit dessen Öffnung, im Zuge der Demokratisierung kontinuierlich verbessert. So kann das Land für 2011, beispielsweise ein Wirtschaftswachstum von 11 % vorweisen. Zudem besitzt das Land nunmehr die Möglichkeit auf internationale Entwicklungsprogramme zurückzugreifen und Entwicklungsgelder sowie Hilfszahlungen in Anspruch zu nehmen. Außerdem wurde das Ausmaß von Kooperationen zwischen ausländischen Organisationen und dem äthiopischen Staat intensiviert (Scurell 2013:Wirtschaft und Entwicklung). Die Verbesserung der infrastrukturellen Versorgung, die gesteigerte Bereitstellung von Trinkwasser sowie die zunehmende Zahl von Schulkindern und Studenten sind nur einige Indizien dafür, dass in Äthiopien ein Fortschritt stattfindet.

Selbst der Blick auf die positiven Entwicklungen des Landes kann aber nicht darüber hinweg täuschen, dass Äthiopien noch immer eines der ärmsten Länder der Welt ist. Das Land ist nach wie vor durch seine extreme Armut in weiten Teilen der Bevölkerung gekennzeichnet. Charakteristisch für die Lage der Menschen sind die unzureichenden humanitären Verhältnisse in denen ein Großteil der Bevölkerung leben muss. Der Staat kann seiner Bevölkerung unter den momentanen Gegebenheiten keine flächendeckende medizinische und soziale Grundversorgung bereitstellen. Erschwerend hinzu kommt die instabile Lage der gesamten Region aber auch des Landesinneren. Eine politisch - friedliche und wirtschaftliche Weiterentwicklung des Landes selbst kann nur durch die Entwaffnung und Senkung des Eskalationspotentials stattfinden (Gebrewold 2003:42). Außenpolitisch muss Äthiopien eine Änderung der verfolgten Ziele vornehmen und die Kooperation mit Nachbarstaaten suchen, um maßgeblich an der Stabilisierung der Situation am Horn von Afrika teilzuhaben und von Ihr profitieren zu können (Weber 2009:54).

# Literaturverzeichnis

Auswärtiges Amt (2013): Kultur- und Bildungspolitik. < http://www.auswaertiges-amt.de/ DE/Aussenpolitik/Laender/Laenderinfos/Aethiopien/Kultur-UndBildungspolitik_ node.html> aufgerufen am 21.03.2013.

Bahr, J. (2005): Informalisierung der Städte im subsaharischen Afrika. In: Geographische Rundschau 57(10), 4 - 10.

Budke, A. (2005): Warum herrscht Armut in Äthiopien? In: Praxis Geographie (7/8), 40 - 43.

Bundesministerium für wirtschaftliche Zusammenarbeit und Entwicklung (2013): Äthiopien. <http://www.bmz.de/de/was_wir_machen/laender_regionen/subsahara/ aethiopien/profil.html> aufgerufen am 29.03.2013.

Destatis (o. J.): Äthiopien. < https://www.destatis.de/DE/ZahlenFakten /LaenderRegionen/-Internationales/Land/Afrika/Aethiopien.html> aufgerufen am 30.03.2013.

De Wulf, M. (2011): Ethiopia. <http://populationpyramid.net/Ethiopia/2015/> aufgerufen am 04.04.2013.

Eine Welt für Alle (o. J.): Nachhaltige Nutzung natürlicher Ressourcen zur Ernährungssicherung in Äthiopien. < http://www.eineweltfueralle.de /uploads/tx_cagmaterialbrowser/ EineWelt_Ernaehrungssicherung_in_Aethiopien.pdf> aufgerufen am 29.03.2013.

Fein, R. (2012): Schöner Wohnen als Entwicklungsziel – Einschätzungen aus Addis Abeba. In: Geographische Rundschau 64(11), 20 - 26.

Glaser, R./ Kremb, K./ Drescher, A. – W. ($2011^2$): Afrika. Darmstadt: Wissenschaftliche Buchgesellschaft.

Gebrewold, K. (2003): Kleinwaffen am Horn von Afrika – Das gefährliche Gesetz von Nachfrage und Angebot. In: Geographische Rundschau 55(7/8), 42 - 45.

Lohnert, B. (2012): Millennium - Entwicklungsziele: Wunsch und Wirklichkeit. In: Geographische Rundschau 64(11), 5.

Lukoschat, I. (2010): Äthiopien. <http://www.äthiopien.de/> aufgerufen am 02.04.2013.

Matthies, V. (2006): Konfliktlage am Horn von Afrika. In: Aus Politik und Zeitgeschichte 32/33, 25 - 32.

Müller - Mahn, D./ Rettberg, S. (2007): Weizen oder Waffen? In: Geographische Rundschau 59(10), 40 - 47.

Scurell, M. (Deutsche Gesellschaft für internationale Zusammenarbeit) (2013): Äthiopien. <http://liportal.giz.de/aethiopien.html> aufgerufen am 20.03.2013.

Slezak, G. (2009): Demokratische Bundesrepublik Äthiopien. < http://www.oefse.at/publikationen/laender/aethiopien.htm> aufgerufen am 26.03.2013.

Tröger, S. (2012): Anpassungen an den Klimawandel: Agro - Pastoralisten in Süd - Omo, Äthiopien. In: Geographische Rundschau 64(9), 42 - 48.

Weber, A. (2009): Äthiopien. In: Informationen zur politischen Bildung 302, 53 - 54.

United Nations Educational, Scientific and Cultural Organization (o. J.): Poverty. < http://www.unesco.org/new/en/social-and-human-sciences/themes/international-migration/glossary/poverty/> aufgerufen am 01.04.2013.

# Abbildungsverzeichnis

De Wulf, M. (2011): Ethiopia. <http://populationpyramid.net/Ethiopia/2015/> aufgerufen am 04.04.2013.

International Displace Monitoring Center (2007): Internal Displacement in Ethiopia. < http://www.internaldisplacement.org/8025708F004CE90B/httpCountry_Maps?ReadF orm&country=Ethiopia&count=10000> aufgerufen am 02.04.2013.

Slezak, G. (2009): Demokratische Bundesrepublik Äthiopien. < http://www.oefse.at/publikationen/laender/aethiopien.htm> aufgerufen am 26.03.2013.

United Nations Development Programme (o. J.): Ethiopia – Human Development Indicators. < http://hdrstats.undp.org/en/countries/profiles/ETH.html> aufgerufen am 03.04.2013.

World Food Programme (2013): Ethiopia – Food Security Outlook Update. <http://reliefweb.int/sites/reliefweb.int/files/resources/Ethiopia%20Food%20Security %20Outlook%20Updated%20March%202013.pdf> aufgerufen am 03.04.13.